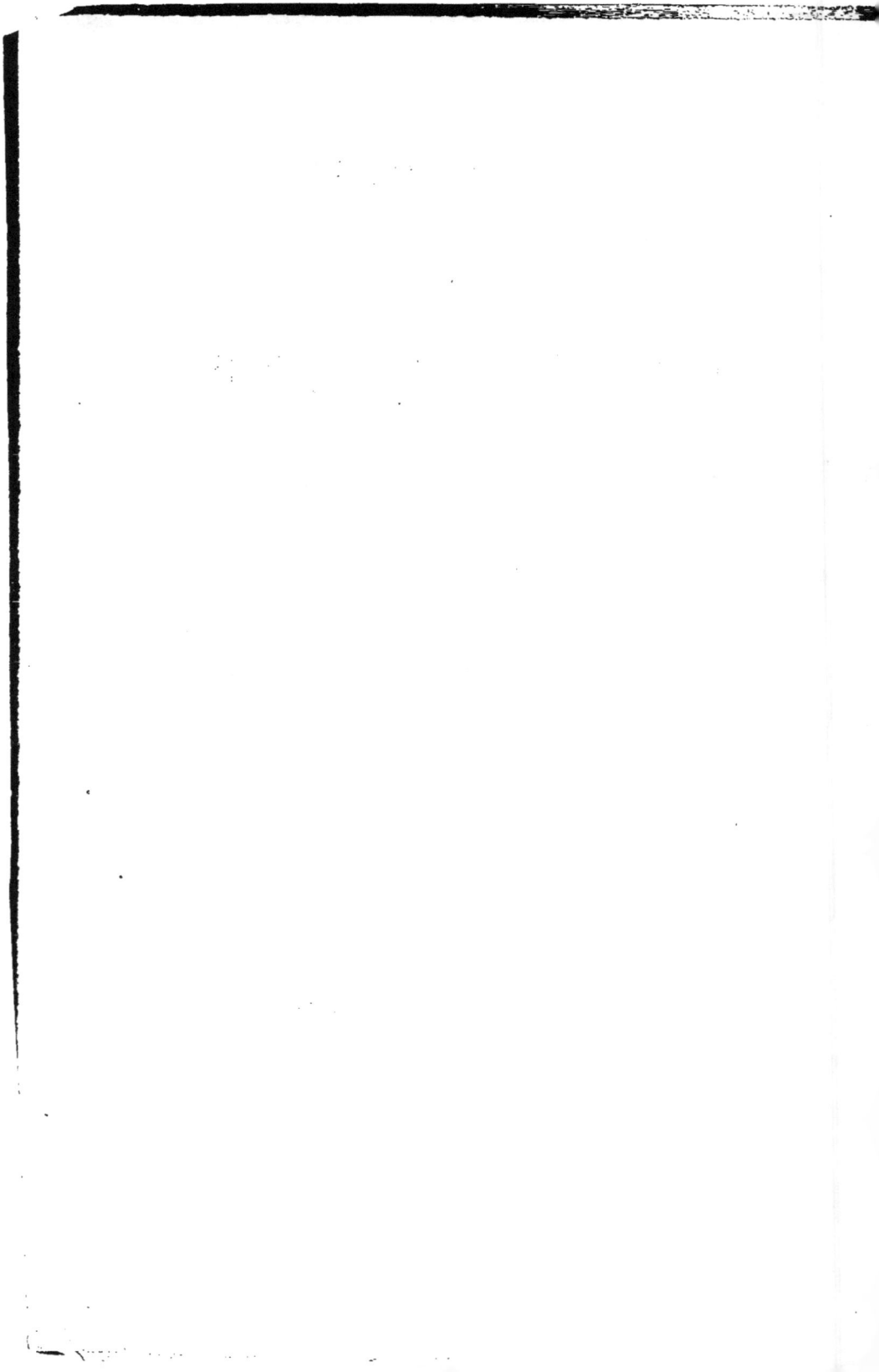

LES FORESTIERS

LES ARBRES ET LA GUERRE[1]

I

Les belles cathédrales de verdure que sont sur nos frontières les futaies séculaires ont, elles aussi, comme les cathédrales faites de grès, de granit et de marbre, eu à subir des outrages et des destructions restés jusqu'ici inconnus.

Leurs pieds droits, tranchés par la mitraille, les nefs de feuillage qu'ils soutenaient se sont effondrées sur la terre bouleversée elle-même sous le souffle de la tourmente de fer et de feu vomie par les canons.

Ainsi nos arbres « en campagne » sont tombés par milliers pour ne plus se relever ; beaucoup d'autres ont leurs fûts abominablement mutilés : les meilleurs, prêts au sacrifice, sont encore dressés altiers dans la tempête qui fait rage.

Que de choses à dire, que de sublimes tableaux à peindre, quel thème à développer pour ceux qui auront vu se dérouler les combats.

A vous, forestiers soldats, qui aurez été à la bataille, à vous nobles et fiers camarades, de glorifier la beauté violentée des Bois et Forêts de France.

---

1. — *Bulletin de l'Association des Agents des Eaux et Forêts* du 1er octobre 1915.

Poëtes, accordez vos lyres pour évoquer en des chants nouveaux, mieux encore que par le passé, la louange des arbres de nos forêts, de Vellèda, « déesse à la serpe d'or » noble et vaillante.

Quel nouveau Theuriet, quel Maeterlinck, quel Kipling se lèvera pour dire les secrets de l'âme endolorie de la Sylve glorieusement blessée au service de la Patrie.

Aux récits qui se colportent, il faut de nouveaux bardes pour fixer les péripéties de la lutte de titans dont les rumeurs sauvages remplissent les sous-bois.

C'est en effet à travers des siècles sans nombre que de nouvelles légendes vont s'élancer vers la postérité ; elles montent déjà des vallées sombres où crépite encore la fusillade et aussi des clairières pleines de soleil qu'auréole la victoire.

Que d'humbles et robustes noms jusqu'ici perdus sur la ligne de nos marches de Lorraine et d'Alsace et qui, gravés aux cœurs de la grande famille française, s'inscrivent, les uns après les autres, de manière indélébile, en lettres d'or et de feu au mur de l'Histoire.

C'est l'Argonne tout entière avec la Grurie, la Chalade, Four-de-Paris : ce sont les noms des Bois de Forges, d'Ailly, d'Apremont, des Eparges, ceux du Bois le Prêtre, de la Forêt de Champenoux et de Parroy, pour ne nommer que ceux-là. Puis ce sont tous les noms que portent les grandes sapinières des Vosges, sur l'un et l'autre versant qu'il faudrait donner.

C'est là, sur le front de bataille, qu'avant longtemps, au lendemain de la victoire finale, nous irons tous, famille et amis des héros tombés courants sus à l'ennemi, nous pencher religieusement sur les tombes fleuries et respectées.

De ce pèlerinage, tous nous reviendrons comme imprégnés et animés d'une force mystérieuse faite de toute la sublime énergie du noble et généreux sang versé par ceux qui sommeillent là en paix en attendant de ressusciter dans la gloire des apothéoses radieuses et éternelles.

II

Les grands massifs boisés de Lorraine et des Vosges devaient donc, par la force des choses, jouer un rôle prépondérant dans la guerre actuelle.

Le Forestier-Soldat lui aussi devait entrer fièrement en ligne ; partout où il est appelé à servir, il tient haut et ferme le drapeau qui lui est confié.

Les sacrifices sanglants consentis, les services rendus, grands et modestes, sont un bloc à son actif, mais quels ne seraient pas ces derniers si le rôle du Chasseur Forestier en temps de guerre avait été mieux calculé, mieux défini dès le temps de paix.

Pour les Forêts, celles de l'Est en particulier, — nous tous forestiers, savons leur beauté. Que de reconnaissance nous devons aux hommes qui, attachés, par une très haute éducation, à un véritable culte pour l'arbre, ont respecté ces forêts [1], patrimoine de la Nation.

Après avoir travaillé pour l'œuvre féconde de la paix, au cours de laquelle les forêts ont inondé le pays du calme profond de leur vie faite de splendeur et d'harmonie, celles-ci étaient prêtes aussi pour la bataille : tant il est vrai que leur fin est toujours d'être utiles.

En effet, dressés debout dans la lumière, les grands arbres qui les composent apparaissent comme mobilisés d'eux-mêmes sur le glacis de notre frontière pour sa défense.

Jetée çà et là, comme des bastions, couvrant l'avancée des coteaux et des plateaux, la masse sylvestre est mieux que de la fortification permanente.

Méthodiquement organisées et armées, ses lisières sont comme une armure plus puissante que n'importe quel chapelet de forts élevés autour des camps retranchés.

Partout la sylve constitue, sous toutes ses formes (boqueteaux, bois, forêts), des ombrages, des masques, coupés de sentiers, de clairières, de chemins creux favorables aux prochains combats.

Elle est pleine de cachettes propices aux embuscades et tend au dessus de la terre comme un voile à l'abri duquel les troupes peuvent évoluer, manœuvrer, cheminer en tous sens, travailler ou se reposer sans être vues des observateurs aériens, pour de là fondre sur l'ennemi.

Par ailleurs, il est facile de reconnaître, à la lecture des cartes, que les cohortes boisées sont plus particulièrement rangées, comme appuyées au long des fossés que créent, dans le Nord et l'Est de la France, les belles rivières en eau profonde qui elles, au contraire des torrents, s'enorgueillissent particulièrement d'être filles nées des versants et pays boisés [2]. Ainsi elles dessinent là des retranchements inexpugnables.

---

1. — Le contraste est en effet frappant entre ce qu'a créé ici le respect de la richesse sylvicole et pastorale, là-bas la dévastation du manteau végétal, telle qu'elle règne en marâtre dans nos départements du Midi.

2. — Encore le contraste frappant entre l'état normal de ces rivières et la manière

Mais les belles forêts se retrouvent encore, plus loin vers l'arrière, en groupements compacts, pleines de vie et de splendeur au cœur même du pays de l'ancienne Gaule, en pays Morvandais, sorte de réduit pour la défense.

Là, elles auraient constitué, si le malheur l'avait voulu ainsi, de très fortes positions successives pour le repli de nos armées.

Ainsi, à tous les services directs et indirects que les arbres rendent à a Nation, au cours des périodes de paix, au rôle protecteur qu'ils jouent, à l'action modératrice merveilleuse qu'on leur doit, à la puissante faculté de pouvoir transformer l'énergie solaire sous tant de formes (production corrélative), à la beauté aussi dont ils parent la terre, ils allaient ajouter autre chose encore.

Sous mille formes, lorsqu'il est nécessaire, le pays trouve en eux un concours sans bornes, fait de tous les désintéressements.

A l'heure du danger, voici en effet les arbres pour ainsi dire coalisés tendant de toutes parts leurs bras pour la défense du sol national contre les agressions d'un ennemi parjure, voleur et assassin.

Puis, quand aura cessé le fracas des batailles, le pur rayonnement de nos gloires forestières planera pour toujours au-dessus de nos forêts frontières.

Tissé de tous les noms des camarades jeunes et vieux mortellement frappés au cours des combats, ce rayonnement, épinglé aux plis clairs de notre drapeau, dira leurs vertus aux générations de l'avenir.

C'est sous cette auréole de gloire que se dressera le monument que nous élèverons à leur mémoire.

Au pied de ce mausolée, groupée autour de nos valeureux blessés, la famille forestière entonnera les hymnes et cantates préparés par ses propres poètes en l'honneur de ses morts.

Là aussi chaque année fleuriront les couronnes tressées par de saintes mains de femmes éplorées, mais ennoblies par leur courage dans les sacrifices douloureux.

III

A travers les phases successives des modestes guerres du passé, les massifs boisés ont honorablement tenu leur place et joué leur rôle. Leur

---

d'être des cours d'eau qui ailleurs, fils bâtards de montagnes et de terrains déboisés, ne sèment que dévastation et ruines dans les vallées et les plaines à l'heure des crues, tandis que, le plus souvent à sec, ces torrents ne seraient, le cas échéant, d'aucune utilité pour la défense du pays.

action de présence sur la marche des épisodes de guerre est en effet connue dans ses moindres détails, les auteurs militaires n'ont pas manqué d'en parler [1].

Mais c'est au cours de la lutte formidable, actuellement imposée au monde — d'un bout à l'autre bout de la Terre — par les deux empires teutons, que les massifs forestiers apparaissent comme ayant imprimé au développement des opérations en pays boisé, dans l'ordre militaire, une manière d'être très spéciale et indéniable.

Qui donc avait cependant songé à attribuer, au facteur dont nous parlons, la place qu'il vient de prendre impérativement dans la guerre terrible que nous vivons.

Simplement retenu par les stratèges modernes, comme élément de détail dans le développement du combat, il n'a pas été estimé à son juste prix. Les règlements militaires ont-ils en effet (en dehors de la définition de l'organisation défensive ordinaire des bois) prévu l'utilisation des massifs forestiers comme puissant moyen d'arrêt d'ensemble sur nos frontières soit en avant et par le travers des places fortes, soit sur les positions de repli telles que ces dernières doivent être prévues ?

Si l'étude générale et approfondie qui s'imposait à ce sujet a été faite, quelles résolutions, quels préparatifs en furent la conséquence ? Il est permis de dire à cette heure que tout prouve que, comme pour beaucoup d'autres questions « mises à l'étude » par les bureaux [2], cet élément merveilleux de couverture, de force et de vie, que représente le boisement, à l'heure de la Guerre, est resté à peine entrevu par les uns, a été déclaré secondaire par les autres et a finalement été légèrement dédaigné par le plus grand nombre jusqu'au moment où son importance a sauté aux yeux de tous les combattants.

C'est ainsi que, pour ce qui est en particulier de l'emploi du terrain boisé tant au point de vue de la résistance qu'en matière d'attaque, nous étions, pour les simples motifs d'imprévoyance énoncés, en retard sur ce qu'avaient habilement imaginé les Allemands, et aussi, s'il est permis de parler ainsi, sur ce que nous aurions dû inventer de mieux encore, au lieu de nous en tenir aux formules anciennes. L'on peut donc affir-

---

1. — *Revue des Eaux et Forêts*, du 1er mars 1915, page 573, et du 1er avril, page 600.

2. — Avec l'aide très discutable de Commissions, la solution de certaines questions a traîné... en longueur, et pour cause, tandis que d'autres étaient considérées comme secondaires : forme, couleur des uniformes, modèles de jambières, adoption de casques pratiques et utiles, emploi de jumelles, etc...

mer que la valeur vraie, que le parti utile à tirer d'une frontière, d'une véritable marche boisée, était resté pour ainsi dire insoupçonné chez nous avant août 1914.

Les leçons de l'Histoire ne nous serviront-elles donc jamais à rien ? Personne ne sera-t-il déclaré responsable des oublis et des erreurs coupables ainsi commis ?

Dans le camp adverse, les choses allaient autrement, et nous l'avons appris une fois de plus à nos dépens : tout l'outillage de la tranchée et du blockhauss en forêt, tout l'armement correspondant étaient prévus, les leçons des guerres du Transwaal, de Mandchourie, des Balkans n'ayant pas été perdues de vue par les attachés militaires et les Etats-Majors prussiens, bien au contraire.

Les fortifications passagères *perfectionnées* de l'ennemi étaient, en effet, soit préparées d'avance au delà de nos frontières, soit ouvertes et armées au fur et à mesure de sa marche en avant sur notre territoire, et ce d'après une méthode et un programme dès longtemps étudiés et enseignés à la troupe.

A la déclaration de guerre, c'est contre toute cette « machinerie de meurtre à distance » qu'est venu se briser le meilleur de l'effort magnifique de nos phalanges héroïques de toutes les armes, alors qu'encore non aguerries.

Les méthodes de combat qui allaient s'imposer aux armées en campagne, y compris l'accrochage au sol pratiqué au cours des guerres précitées, auraient dû être non seulement prévues, mais, mieux encore, perfectionnées à notre avantage.

La France, ayant la première, entre toutes les nations, inventé et créé, grâce au génie et à la volonté de l'un de ses soldats, l'artillerie de campagne à tir rapide la plus belle du monde (qui malgré son âge reste la plus terriblement redoutable) était-il vraiment au-dessus de nos moyens d'imaginer d'avance « l'aménagement » militaire des positions boisées de notre frontière et de celles légèrement en arrière ?

N'était-il pas en outre facile de posséder tout l'armement si simple approprié à cette organisation (lance-bombes, mitrailleuses [1], etc., etc.)?

Tout prouve le contraire à l'heure actuelle, car il nous a suffi de réagir et de vouloir pour l'obtenir.

---

1. — Les lettres de Voltaire 1756 à 1757 apprennent que le grand écrivain essaya vainement, pour faire adopter son invention de mitrailleuse, de lutter contre l'inertie et la routine des bureaux de la guerre. Ceux-ci ne voulaient pas adopter cette machine par « crainte du ridicule ».

Mais, dira-t-on, il n'est pas toujours possible de tout prévoir. Le combat se présente sous des aspects qui varient de guerre à guerre : chaque minute nouvelle apporte dans la lutte de nouvelles surprises. C'est justement pourquoi il importe, au plus haut degré, d'être non seulement attentif à toutes les inventions du dehors (de manière à être armé contre les effets de telles inventions), mais aussi de s'exercer dans l'art d'imaginer les pires ripostes aux attaques projetées d'un adversaire que l'on sait être rompu aux exercices de l'assassinat et du colossal.

S'appuyant sur les bases de *frontières forestières* rendues inexpugnables [1] dès le temps de paix, placée sous le double couvert de l'artillerie à longue portée (qui fut trop rare au début de cette guerre) et de campagne, les qualités que le soldat français offre en particulier dans l'offensive n'auraient pas souffert du choc de surprise déclanché contre lui par l'arsenal allemand, lors des premiers engagements.

Une plus froide appréciation du danger formidable qui nous menaçait et que nous ne pouvions pas ignorer aurait permis d'éviter les hécatombes inutiles de soldats incomparables conduits au pas de charge par nos jeunes héros marchant en gants blancs, « casoar en tête », sur les repaires du fond desquels des bandits crachaient la mort par mille moyens abominables.

A l'ardeur juvénile de ces belles troupes actives de première ligne, un rôle plus utile aurait pu être réservé pour la suite.

Par notre seule faute, le sort en a été autrement jeté, mais de la terre arrosée de tout ce jeune sang généreux, versé en août 1914 pour arrêter puis repousser l'envahisseur, lève un besoin raisonné de vengeance et de victoire.

Les aînés, prévenus et entraînés dans la fureur de cette guerre, nous assureront les victoires certaines et décisives qui doivent donner au monde la liberté.

A nous les vétérans de prendre note, sous la dictée des combattants, des oublis, des erreurs du passé pour participer, selon nos forces et de toutes nos forces, à la préparation de l'œuvre de régénération qui s'impose pour l'avenir.

---

1. — Tranchées, ouvrages et boyaux principaux préparés d'avance par une troupe spécialisée — sapeurs — bûcherons — dressés à cet effet concurremment avec celles du génie, réseau de chemin de vidange à caractère militaire s'ouvrant vers l'arrière et aussi sur l'avant pour la poursuite.

IV

Nous avons vu précédemment comment le massif forestier trouvait place utile au sein des batailles au titre de la fortification.

Mais les services qu'il rend en temps de paix, loin d'avoir diminué, en ces derniers mois de guerre actuelle, viennent au contraire de prendre une importance plus grande encore.

Il importe donc de rappeler en quoi consistent les services que le boisement est susceptible de rendre au pays sans en oublier aucun [1].

Ce sont d'abord tous les services indirects que nous offre la terre lorsqu'elle est protégée par le précieux manteau végétal, ce sont ensuite ceux qu'en attend la consommation journalière en bois sous toutes ses formes.

C'est à ce sujet que notre imprévoyance fut encore grande au cours de l'avant-guerre [2].

Comment en effet les ateliers, usines, arsenaux, chemins de fer, papeteries, et les mines aussi, allaient-ils continuer à s'approvisionner en bois au lendemain de la mobilisation [3] ?

Quelles mesures aurait-il été prudent d'édicter, dès le temps de paix, pour parer aux besoins de la guerre ? Convenait-il d'accumuler dans des entrepôts, et du même coup d'immobiliser, les très grandes quantités de bois (de toutes sortes, sous tous débits) présumé nécessaire ?

Il semble possible de répondre à cette dernière question en affirmant que, sauf pour quelques essences, et à de rares exceptions près, la constitution de pareils stocks de bois aurait présenté, sans parler de certaines impossibilités, des risques et inconvénients hors de proportion avec les avantages offerts.

Comme pour le service des munitions et des armes, la solution devait et doit être cherchée ailleurs.

Considérons en effet qu'en dehors d'une avance « de couverture » le bois n'est, à beaucoup près, nulle part ailleurs mieux « emmagasiné »

---

1. — Sans négliger de dire comment ces services peuvent et doivent être portés au maximum d'effet.

2. — Alors que les Allemands mettaient en coupes réglées nos propres forêts à leur profit.

3. — Il ne saurait être question d'exploiter les gisements de houille, de minerai, d'asphalte, dont les produits sont indispensables aux industries de guerre, sans la possibilité de boiser les puits et galerie, c'est-à-dire sans employer des quantités très grandes de bois (avancement et entretien).

qu'en son propre milieu de procréation, c'est-à-dire *en forêt*, d'où on le retire, sous la forme voulue, au fur et à mesure des besoins. Il paraît inutile d'insister sur cette vérité.

De l'étude de ces faits il est facile de conclure que pour parer aux besoins il est tout d'abord nécessaire et indispensable de laisser (*the right man in the right place*) le forestier mobilisé avec le bûcheron soldat à proximité des forêts du front de manière à pouvoir les employer l'un et l'autre dans les coupes [1] à la première occasion.

Nous savons tous, quoi que l'on puisse dire, que la main d'œuvre bûcheronne (coupeurs, scieurs, fendeurs, débardeurs, etc.) ne s'improvise pas en quelques jours. L'on peut sans doute imaginer un employé de bureau se mettant assez vite au tournage de diaphragmes d'obus ou au chargement de ces derniers ; mais on le voit moins bien apprenant du jour au lendemain à manier avec rapidité la hache pour abattre un chêne ou s'employant utilement à débarder une bille de sapin en montagne.

Dès lors apparaît, et l'expérience vient de le prouver, combien il peut devenir difficile de remplacer au cours de la guerre les ouvriers spéciaux de la forêt (qui eux ont été mobilisés quelque peu au hasard dans n'importe quelle arme) par une main d'œuvre de fortune [2].

Tout au contraire l'armée ayant besoin de pionniers-ouvriers du bois, l'on se figure aisément une *troupe spéciale* uniquement constituée d'hommes ayant vécu la vie de la Forêt et qui, mobilisés en nombre voulu avec les forestiers, sous le même drapeau, permettraient dans chaque corps d'armée de faire face aux besoins en bois des divers services.

Il ne serait pas interdit à cette troupe spéciale, il est bon de le redire, de participer aux opérations proprement dites de guerre suivant les circonstances, bien au contraire.

Ainsi, pour disposer au moment voulu et à toute heure du nombre reconnu nécessaire de soldats forestiers bûcherons techniquement encadrés, il suffirait au haut commandement d'ordonner l'organisation d'une

---

1. — En ce faisant (et il a fallu y songer) on ne ferait nulle injure au forestier-soldat, car on ne l'écarterait pas du terrain de bataille et nous entendons bien dire celui qui est dangereux : nous pouvons en effet donner les noms de forestiers de haut grade qui au cours de martelages en forêt ont (depuis qu'ils sont appelés à refaire du bois pour l'armée) entendu et vu tomber les « marmites » autour d'eux.

2. — Prise un peu partout au champ, à l'atelier, parmi des réformés ou des eunes gens, nécessaires d'ailleurs là où ils sont employés.

troupe spéciale [1] recrutée parmi les corps de métier du bois, ainsi que nous venons de l'indiquer.

V

Avant de parler plus particulièrement d'une utilisation militaire meilleure du personnel même des Eaux et Forêts, nous croyons utile d'insister sur les avantages nombreux que présenterait tout d'abord ce recrutement sélectionné des professionnels [2] du bois pour la formation d'une troupe d'élite spéciale à dresser en vue du but qu'il s'agit de pouvoir atteindre et qui demande à être bien défini.

Par la réalisation de cette conception, fort simple en soi, il serait facile de maintenir, dans la mesure voulue, la vie sur les coupes [3], soit sur le front, soit à l'arrière ; d'éviter la désorganisation durant la guerre du marché du bois et enfin de placer, comme nous l'avons vu, et comme nous le verrons mieux encore par la suite, entre les mains du Grand Quartier Général une troupe entraînée capable de ravitailler en bois les armées tout en évitant de porter atteinte au principe de l'impôt du sang égal pour tous (autant que faire se peut).

Cette méthode d'organisation des forces vives de la main d'œuvre forestière militaire pourrait d'ailleurs être appliquée à d'autres branches de l'activité collective, le système ayant donné, sur les chemins de fer par exemple, les très bons résultats que l'on sait.

A ce sujet, nous ne devons plus jamais oublier « la nécessité immédiate de l'intensification de notre vie industrielle de guerre ». A la mobilisation, c'est la Nation tout entière qui, dans sa masse, pour ainsi dire, doit se lever pour la défense lente, profonde, et ainsi plus certaine, du territoire et de nos libertés selon les aptitudes de chacun.

Nous savons tous comment et par quels avatars de forme incohérente

---

1. — Cette troupe (compagnie ou bataillon) ferait selon les besoins le coup de feu, le coup de pioche ou de hache, et ceci en connaissance de cause.

2.— Les hommes de S. A.,ceux inaptes à faire campagne et les R. A. T. de cette troupe resteraient dans les dépôts avec la jeune classe à instruire pour faire face aux besoins du marché. Ainsi les congés spéciaux pour travaux forestiers, les sursis d'appel qui viennent briser la cohésion des troupes en campagne n'auraient plus de raisons d'être.

3.—D'après les statistiques du ministre du Travail (recensement de 1906) 55.000 bûcherons et charbonniers, 45.000 ouvriers scieurs, 58.000 charpentiers, soit 150.000 hommes, sans parler des débardeurs,transporteurs et autres ouvriers du bois.

(myriades de circulaires, de tous les bureaux) l'application de cette formule générale a, d'ores et déjà malgré tout, pris corps de façon impérative : elle est sans conteste une des conditions « sine qua non » du succès [1]. L'on peut encore ajouter que l'organisation des services ou corps spéciaux de guerre s'impose avec d'autant plus de force qu'il s'agit de la production de certaines matières qui, indispensables déjà à la vie du temps de paix, voient s'amplifier leur importance au cours d'une guerre.

En ce qui concerne la préparation des approvisionnements en bois, il faut aussi noter que les échanges avec les pays belligérants sont arrêtés et que ceux qui peuvent se continuer avec les pays neutres sont parfois très fortement réduits, ces pays étant amenés à conserver pour eux une matière précieuse entre toutes.

Observons enfin que les achats de bois à l'étranger correspondent à une exportation de notre or, ce qu'il faut éviter autant que possible.

De ce qui vient d'être dit nous pouvons conclure que les Bois et Forêts devraient être nationalisés dans les marches frontières et sur les positions de l'intérieur désignées par l'Administration de la guerre.

Leur présence, ainsi que le prouvent les péripéties de la guerre actuelle, augmente la puissance d'action [2] des troupes de soldats agissant défensivement ou par l'offensive ; mais les massifs forestiers sont aussi les grands pourvoyeurs d'une matière première précieuse, car nécessaire au pays mobilisé, qu'il s'agisse de l'armée au combat, aussi bien que de la nation à l'arrière.

Dans l'avenir, pour mieux parer à ces besoins (intensifiés par le fait du trouble apporté par la guerre à la vie normale), les forêts devront comporter un double aménagement : celui du temps de paix destiné à enrichir le massif et à fixer le quantum et la forme de la récolte (possibilité) et l'aménagement de guerre [3] en application duquel la forêt devra supporter des coupes intensifiées qui, faites avec *ordre et méthode* ne laisseraient plus la forêt sous le coup des *dommages irréparables* qui la menacent tandis qu'elles éviteraient le gaspillage extraordi-

---

1.—La lutte par les armes ne peut,en effet, se continuer jusqu'à la victoire que par une puissante organisation économique et financière du pays. « Cette guerre est une guerre de matériel. » « Une idée fixe doit habiter au fond de nos esprits jusqu'à la fin de la guerre. Produire. » Charles Humbert,sénateur.

2.— *Revue des Eaux et Forêts*, page 573, mars 1915,page 601, avril 1915.

3.— N° d'octobre 1915,page 710, et *Bulletin de l'Association* 1er septembre. Pardé. Chez les Allemands l'exploitation forestière militaire est prévue pour leurs forêts; quant aux forêts des zones envahies, le matériel est mis au pillage et importé en Allemagne.

naire qui se produit dans les *coupes militaires* libres de toute direction technique.

Ce gaspillage fatal (corrélatif au désordre dans les exploitations, au pillage, puis à la destruction barbare et inutile du massif) peut avoir ceci de plus grave encore pour l'Armée elle-même, qu'il aide à augmenter la pénurie du bois et crée une sorte de famine de cette matière, tout au moins sur certains secteurs « du front. »

Én particulier avec l'hiver, cette situation amènera tout un cortège de terribles souffrances et de grosses difficultés pour l'armée.

En présence de pareils dangers de toute espèce, il nous semble qu'il est du devoir de chacun de nous d'indiquer comment il serait possible de parer, dans la plus large mesure, à toutes les difficultés que l'on rencontre pour assurer l'approvisionnement en bois des armées tout en enrayant, d'une part la destruction (inutile dans le plus grand nombre des cas) des forêts et, de l'autre, le gaspillage du matériel ligneux qu'il faut économiser.

VI

Rappelons-nous avec quelle légèreté le problème forestier a été traité au cours de la préparation à la guerre. Nous avons indiqué plus haut comment on pouvait comprendre le rôle que sont appelés à jouer les Eaux, les Bois et les Forêts au point de vue de la défense du territoire et comment ensuite il importait d'organiser les choses pour répondre aux besoins du pays en produits forestiers pour toute la durée d'une campagne.

Ce n'est qu'incidemment que la question qui touche à l'utilisation du personnel même des Eaux et Forêts pour la guerre a été effleurée. Il importe donc d'en parler maintenant de manière à provoquer sur ce sujet de nouvelles études, mieux que cela : une solution. Celle-ci en effet s'impose aussi bien qu'il s'agisse du point de vue militaire que de l'œuvre même de véritable réorganisation administrative du service pastoral et sylvicole de France.

Au lendemain de 1870, à la suite des services rendus par les forestiers au cours de la campagne, le personnel de l'Administration des Eaux et Forêts — loi de 1873 — reçut une organisation militaire. Mais après cette militarisation, après la remise du drapeau aux Chasseurs Forestiers (1)

---

(1) De ce drapeau jamais personne ne parle. Jamais d'allusion à nos trois couleurs

(1878) rien ne fut fait pour vivifier la conception. En dehors de quelques tirs à la cible, l'organisation est restée sans précision. Près de quarante années de nonchaloir ont passé sur une noble intention [1]....

L'heure de la guerre ayant de nouveau sonné, les officiers et les préposés des Eaux et Forêts mobilisés viennent de montrer, tout comme ils l'avaient fait au cours de l'année terrible, jusqu'à quel point ils savent, sans véritable préparation aux choses de la guerre, être et de bons citoyens et aussi de merveilleux soldats [2]. Quant à ceux dont le haut commandement militaire n'a pas cru devoir accepter jusqu'ici les services, ils restent à l'arrière les dévoués serviteurs de la chose publique; pleins d'abnégation ils assument la lourde tâche de mener à bien la gérance du domaine boisé dans des conditions exceptionnellement pénibles et difficiles [3].

Mais, ainsi que nous l'avons indiqué précédemment (11) quels n'auraient pas été les services que l'Administration forestière aurait pu rendre à la Défense Nationale si les forces vives (matérielles et morales) dont elle disposait à la mobilisation avaient été méthodiquement organisées en vue de la guerre?

Pour atteindre le but proposé il suffisait de doter l'armée d'une troupe d'élite (recrutée parmi les populations forestières et les professionnels du bois) solidement encadrée par des officiers de carrière et par des officiers des Eaux et Forêts Dans cette troupe les forestiers donneraient le plein effet de leurs moyens, d'une part à la faveur de leurs connaissances militaires, de l'autre grâce à leurs aptitudes forestières [4].

forestières. Pourquoi ce drapeau s'est-il toujours caché à nos yeux? Combien sommes-nous en effet à avoir eu l'honneur de le saluer? Pourquoi, depuis 37 années, ne pas l'avoir confié tantôt ici tantôt là à l'une de nos unités militaires ainsi qu'il est d'usage aux Chasseurs à pied? Ne sommes-nous pas dignes de lui? A vous, jeune camarade Garde Général qui avez à cette heure l'honneur de porter le drapeau des Chasseurs Forestiers, de nous raconter sa déjà longue carrière et sa brève histoire, celle d'hier et surtout celle d'aujourd'hui. Et pour conclure demandez donc que l'on permette en outre à chaque Compagnie d'avoir son fanion propre.

1.—«L'Administration des Eaux et Forêts s'en est quelque peu désintéressée et l'Administration de la Guerre elle-même ne s'en est peut-être pas assez occupée». Pardé page 63 *Revue* du 1er novembre 1915.

2. — « Nos anciens avec vaillance jadis ont versé leur sang » et, comme eux, nos cadets en effet marchent sus à l'ennemi sous « la mitraille » dont « la chanson plaît aux Fagots ».

3. — Il faut considérer en effet que les conservateurs des Eaux et Forêts sont privés de la partie la plus active de leur personnel (parce que composée des plus jeunes) mobilisée aux armées. Les cadres sont desorganisés de haut en bas et pour ainsi dire inexistants tandis qu'en forêt les coupes restent vides de main d'œuvre, les meilleurs bûcherons et autres ouvriers du bois ayant rejoint la caserne à la mobilisation.

4. — Service forestier de guerre. *Bulletin Association* n° 11, août 1915 page 20.

Dans l'état actuel des choses, à de rares exceptions près, que peut en
effet donner, malgré la meilleure volonté du monde, le forestier à qui
on ordonne du jour au lendemain de s'adapter à tel ou tel emploi militaire dont il n'a que peu entendu parler, pour lequel il est assez natu-
rellement mal (si non même pas du tout) préparé [1] ?

Quant aux Officiers des Eaux et Forêts affectés aux unités de Chasseurs forestiers, très nombreux furent, il y a peu d'années encore, ceux
qui, n'ayant jamais été soldats, n'avaient fait aucune espèce de service
militaire. Pour les autres officiers de complément — combien, après
leur passage à l'Ecole ou au régiment, ne firent que de très rares périodes d'instruction militaire ? Dans ces conditions, il faut bien le dire,
les forestiers étaient trop souvent mal préparés à commander et à administrer une troupe.

La vérité est que notre place à tous était, au point de vue militaire,
ailleurs que n'importe où et partout. Il faut aux forestiers soldats
un emploi bien défini dans lequel ils apporteront leur savoir et dans
lequel, à la suite d'exercices appropriés. ils mériteront sans conteste possible l'état d'officier qui leur a été marchandé jusqu'ici injustement.

Ce qui (après plus d'une année de guerre) saute enfin aux yeux (ensei-
gnement indiscutable de cette guerre) doit faire l'objet de nos préoccu-
pations, *être largement mis à profit*, en vue de solutions utiles, pratiques à demander et à proposer. Ainsi, pour que soient exaltés, magni-
fiés les services que peut rendre l'officier et le garde forestier, comme
aussi le bûcheron, il faut, à notre avis, leur réserver à tous trois — besoin
des armées — le rôle que seuls ils peuvent aisément et convenablement
remplir du fait des connaissances [2] techniques et pratiques qu'ils
possèdent.

Etant donné que ces connaissances doivent être mises en œuvre pour
le but de la guerre [3], les forestiers et les ouvriers de la forêt seront
affectés, au point de vue militaire, par les bureaux de recrutement (et
ce pour toute leur vie de soldat) à la troupe spéciale dont nous avons
parlé et dont la création apparaît possible [4].

1.— Lieutenant-colonel chef de bataillon des services spéciaux du territoire.Service de
l'Intendance, des étapes, des commissions de gare. Commandant d'Armes ou major de
garnison. Service des G.V.C. Dépôts de prisonniers. Pénitencier militaire, censure, etc.,
etc.

2.— Exploitation des forêts ; établissement de sentiers,chemins ; préparation d'abatis,
de bois divers, de piquets, de fascinage. Etablissement d'abris, etc.

3. — Dans certains groupes d'armées un service du bois a déjà été organisé.

4. — Il sera aisé, ainsi que nous le montrerons, de concevoir l'organisation, dès le
temps de paix, d'une troupe telle celle que déjà l'on semble réclamer aux armées.

A la mobilisation, la Direction Générale des Eaux et Forêts pourrait être, en tout ou en partie, rattachée au ministère de la Guerre [1] de manière à donner à l'organisation forestière de campagne et de l'arrière toute la cohésion voulue.

Les bureaux des conservateurs seraient mobilisés sur place, un par corps d'armée au moins, sinon tous, et deviendraient par décentralisation auprès des commandants de Région un bureau militaire spécial du bois.

Par leur intermédiaire les Dépôts du nouveau Corps des chasseurs ou pionniers forestiers [2] fourniraient dans la région du corps d'armée correspondant (n°) la main-d'œuvre et les cadres nécessaires pour les exploitations à l'arrière reconnues d'utilité publique.

VII

Le métier des armes s'enseigne soit sur les bancs des écoles spéciales militaires soit à la caserne et mieux encore aux manœuvres, sinon en campagne.

L'art forestier s'apprend, de manière analogue, dans les écoles de sylviculture, puis aussi en forêt.

Quiconque a vécu au contact des forêts et en a respiré les senteurs captivantes ne peut les oublier.

C'est pourquoi, né en forêt, le vrai bûcheron vit et meurt sous la ramée, tandis que le forestier arraché à son métier en a la nostalgie inguérissable.

Pour donner au pays une troupe de pionniers des bois, capable de lui rendre, « quand viendra l'heure de la guerre », de bons services et militaires et forestiers (coups de fusils, de pioche et de hache), il faut constituer la dite troupe à l'aide d'éléments puisés au sein même des populations forestières (ouvriers du bois).

Nulle part ailleurs le forestier, le bûcheron, le débardeur, sinon même le marchand de bois, ne rendront de meilleurs services que dans cette troupe.

Ainsi recrutée, puis méthodiquement entraînée toute entière aux exercices militaires en vue du but proposé, elle l'atteindra de manière

---

1. — Bureau du bois qui vient d'être créé.
2. — Voir note 2-V. Statistique partielle du ministère du Travail.

supérieure et d'autant mieux qu'aux connaissances militaires [1] viendront se superposer celles des choses de la rude vie des bois.

Cette troupe sera sans conteste une troupe d'élite.

Le Corps des Chasseurs Forestiers créé en 1873, et dont les attributions sont jusqu'ici restées imprécises, sera, sinon dissous, du moins complètement fondu dans la nouvelle arme.

Avec celle-ci et par elle, les Chasseurs Forestiers de l'ancienne formation vivront leur vie et aussi celle même de l'armée dont il feront dès lors partie intégrante, un peu à la manière des gendarmes.

Le projet nous paraît relativement simple à élaborer et à réaliser [2]. Les éléments nécessaires pour permettre d'aboutir (officiers et soldats) existent et ne demandent qu'à être rapprochés pour se souder et donner le faisceau de forces vives agissantes désiré. Par l'appel sous le même drapeau de tous les officiers et préposés des Eaux et Forêts, ainsi que du nombre d'ouvriers forestiers, dont l'armée a besoin, il sera facile de faire disparaître la gêne dont elle souffre actuellement pour se procurer du bois.

Pour faciliter l'étude à laquelle nous convions nos camarades ainsi que le Bureau militaire compétent, puis aussi pour fixer les idées, nous allons mettre des chiffres en action en faisant choix de possibilités minima.

La nouvelle troupe (chasseurs ou pionniers forestiers) comprendrait par corps d'armée — à la caserne pour instruction — une compagnie.

Nous donnerions à cette unité, dès le temps de paix, un effectif renforcé (présents au corps) de 182 fusils dont 9 [3] clairons.

A cet effectif correspondrait un cadre subalterne de 1 sergent-major, 2 fourriers, 5 sergents et 10 caporaux [3].

Le recrutement des cadres en caporaux et sous-officiers se ferait uniquement parmi les hommes de ladite troupe au choix avec rengagement, les places de gardes forrestiers étant réservées à ces gradés après con cours et classement annuel.

Pour les 21 compagnies d'instruction ainsi prévues, l'effectif total serait donc de 4.200 hommes très faciles à recruter (V. note 3, page 10.)

A cet effectif s'ajouterait, comme nous le montrerons, celui de tous

---

1. — Participation à l'organisation militaire et à la défense armée des secteurs boisés. Préparation des bois nécessaires à tous les besoins de l'armée, ainsi qu'il a été indiqué.

2. — Voir *Bulletin de l'As.*, n° 2 du 1er août 1915. Service forestier de guerre pages 20, 21, 22. G. G.

3. — Prévoir une section hors rang aussi réduite que possible, mais nécessaire et qui, à l'heure de la mobilisation, resterait au dépôt dont elle continuerait l'action.

les hommes âgés de moins de 45 ans admis au service des Eaux et Forêts et laissés pendant le temps de paix à la disposition de M. le Ministre de l'Agriculture pour les besoins de l'Administration Forestière, soit environ 3.750 hommes aptes à faire campagne.

Les compagnies dépendant chacune d'un corps d'armée constitueraient des dépôts dont le siège du temps de paix ne devrait pas être obligatoirement situé dans la région du corps correspondant, mais de préférence dans les zones boisées, à proximité des frontières tenues en état de défense.

Chaque unité comprendrait un cadre d'Officiers ou normal ou renforcé. Pour le commandement et l'instruction, ces officiers pourraient être détachés de l'arme du Génie [1]. Il faudrait prévoir comme minimum un capitaine-commandant de compagnie, des officiers subalternes (un trésorier, un officier d'habillement) et un adjudant-chef, provenant également du génie, les uns et les autres pour commander les sections (quatre plus une unité hors rang).

Toutefois des emplois de chef de section seraient réservés, chaque année, en nombre suffisant, selon les besoins, aux gardes généraux stagiaires pour l'accomplissement de leur service comme sous-lieutenants à la sortie de l'École forestière (Loi de 1913).

Le total du cadre des Officiers ou adjudants-chefs ainsi détachés de l'arme du Génie et mis à la disposition de la nouvelle troupe, serait donc de 147 y compris les Sous-lieutenants Officiers des Eaux et Forêts (gardes généraux stagiaires).

C'est dans les compagnies ainsi constituées, et numérotées de 1 à 21, qu'en application d'une décision ministérielle, tous les élèves à l'Ecole forestière accompliraient les deux périodes d'instruction militaires fixées par la loi de 1913 (soit comme homme de troupe soit comme sous-officiers.)

De la **même** manière les Officiers et hommes (Préposés) en service à l'Administration des Eaux et Forêts ainsi que les Officiers de complément [2] suivraient également dans cette seule troupe les périodes d'instruction et les tirs réglementaires auxquels ils seraient impérativement astreints.

---

1. — L'on pourrait aussi imaginer ce cadre composé uniquement d'officiers des Eaux et Forêts.

2. — Provenant des Sous-officiers de l'arme et promus Officiers de Réserve ou de Territoriale au Corps.

Les hommes (Chasseurs ou Pionniers) seraient spécialement désignés [1] par le Bureau de recrutement et, ainsi qu'il a été dit, classés parmi les ouvriers bûcherons, scieurs, débardeurs et autres professionnels du bois. La durée du service militaire (Loi de 3 ans) comprendrait deux parties : deux années à la caserne (au corps) et une année, la dernière, en stage [2] au service domanial des Eaux et Forêts comme auxiliaire à triage.

L'effectif de ces auxiliaires, hommes et gradés de la troupe accomplissant leur troisième année, serait donc (pour l'exemple choisi) de 2.100 environ ; ils seraient employés à des travaux pratiques et à la surveillance des coupes et des travaux, aux balivages, aux martelages, aux arpentages, etc... C'est parmi les rengagés et parmi ces hommes que seraient pris les candidats aux emplois forestiers.

A la mobilisation les 21 compagnies d'instruction pourraient aisément (dans l'exemple choisi) former 4 compagnies sur le pied de 325 hommes. La section hors-rang resterait, comme nous l'avons dit, au Dépôt avec les appelés [3] en surnombre ; elle assurerait la vie du Corps.

Ainsi à la déclaration de guerre la troupe forestière née de cette conception aurait l'effectif suivant :

Hommes des 21 Compagnies actives (à deux Classes)......	4.200
Auxiliaires des Eaux et Forêts (Antépénultième classe)....	2.100
Préposés des Eaux et Forêts aptes à faire campagne.......	3.750
Hommes et gradés du Corps de la Réserve et de la Territ...	17.250
Soit, pour l'armée en campagne, 84 compagnies de 1re ligne,	
c'est-à-dire 1.300 hommes par corps d'Armée.	27.300 [4]

Ceci dit, comment encadrerait-on ces 84 Compagnies destinées aux Armées (mobilisation) ?

Il importe de ne pas perdre de vue le but à atteindre, c'est-à-dire, de

---

1. — De manière à éliminer les sujets n'offrant pas toutes garanties de santé et d'aptitude de métier.

2. — Ce système a été appliqué autrefois, s'il ne l'est encore, au service de la Douane italienne. Il y aurait là un avantage accordé aux hommes de la population forestière (inscrits forestiers) qui favoriserait la lutte contre l'exode vers la ville.

3. — Les hommes des plus vieilles classes, les inaptes à faire campagne ainsi que les recrues nouvelles permettraient d'envoyer au front les renforts de remplacement et de répondre aux besoins des exploitations de l'arrière suivant les demandes présentées par les bureaux militaires forestiers des régions d'armée (Cadre d'Officiers des Eaux et Forêts et des Officiers du Génie de réserve ou de territoriale ou inaptes à faire campagne).

4. — On peut aisément imaginer cette même troupe portée au double : le nombre des hommes du corps de métier du bois le permet (près de 400.000 ; il suffirait d'assurer l'encadrement en Officiers du Génie et en Officiers de réserve provenant d'anciens sous-officiers du corps, pour parfaire l'insuffisance du nombre des Officiers des Eaux et Forêts aptes à faire campagne.

quelle manière cette troupe devrait être utilisée (travaux forestiers au front). Notons à ce sujet qu'elle serait le plus souvent employée par détachements (sections). Il résulte de là qu'il serait bon qu'elle fut encadrée militairement et techniquement, de manière *aussi forte* que possible.

Voici donc ce que nous proposerions : Au Grand Quartier Général un Lieutenant-Colonel, Conservateur des Eaux et Forêts avec les Officiers des Eaux et Forêts reconnus nécessaires pour le seconder dans sa tâche. Au total, supposons un minimum de 3 Officiers.

A l'Etat-Major de chaque Corps d'Armée, un Chef de Bataillon (Inspecteur) par exemple et un Officier subalterne, Capitaine ou Lieutenant, soit pour 21 Corps 42 Officiers des Eaux et Forêts.

A la tête des 84 Compagnies (Unités de 325 hommes) des Chefs de Bataillon (Inspecteurs ayant comme adjudant-majors les 84 Officiers du Cadre actif [1] et comme adjoints les 21 Adjudants de ce même cadre plus 63 autres Adjudants du cadre de complément [2].

Chacune des 84 compagnies recevrait pour commander les 4 sections qui les composeraient 4 Officiers des Eaux-et-Forêts du grade de Capitaine, de Lieutenant ou Sous-lieutenant : soit au total 336 officiers.

Tous les Officiers des Eaux et Forêts ainsi envoyés aux Armées (465) seraient pris dans chaque grade *parmi les plus jeunes* reconnus aptes à faire campagne.

Les autres Officiers des Eaux et Forêts resteraient à leur poste du temps de paix, ainsi que la chose a eu lieu en août 1914, ou seraient appelés, au fur et à mesure des nécessités de l'encadrement dans les dépôts [3] des Compagnies pour les besoins du corps (renforcement des unités du front ou pour tout autre utilisation forestière).

VII

Que conclure de ce que nous avons énoncé précédemment, sinon qu'il sera plus que jamais nécessaire, après la guerre, de préparer l'avenir forestier du pays.

---

1. — Pour mieux assurer l'exécution de *la partie militaire* du service.
2. — Ces 63 adjudants proviendraient soit des Sous Officiers de complément du corps soit des adjudants des Eaux et Forêts, grade dont on a souvent demandé la création.
3. — A la déclaration de guerre les dépôts cantonnés à la frontière seraient « repliés » sur le siège de la Conservation des Forêts désignée comme bureau forestier de la région correspondante.
Note : L'uniforme serait un complet gris forestier, béret, vareuse alpine et pèlerine-manteau, boutons et cors de chasse au béret, dorés jaunes pour l'active, argenté blanc pour les réserves. Les n° de 1 à 21 au collet en drap gris du fond sur écusson de 4 couleurs différentes pour les 4 Compagnies de chaque corps d'armée : 1re Cie active, Vert, 2° Cie, Rouge, 3° Cie, Bleu foncé, 4° Cie, Jaune ; H. R., Blanc.

Finie la lutte contre l'ennemi, il faudrait amener tous ceux qui se sont montrés jusqu'ici opposés aux connaissances qu'enseigne la science pastorale et forestière, ceux qui sont restés indifferents aux choses du reboisement, comme ceux qui n'ont pas voulu comprendre l'utilité incontestable et la beauté de la Forêt, à abandonner leur attitude railleuse à l'égard des admirateurs et des défenseurs des Arbres, des Pelouses, des Bois et des Forêts.

En cette matière aussi, « l'Union Sacrée » devrait s'imposer comme un devoir patriotique. Une neutralité facile ne devrait plus être admise.

Le concours et la bonne volonté de chacun seront en effet nécessaires car le pays aura à assurer la *protection* de ce qui lui restera encore d'arbres après la bataille.

Le boisement, épuisé par le dur labeur d'une longue guerre, devra être *rénové*.

Partout où le manteau végétal aura été détruit, il sera *nécessaire* de le *reconstituer*.

Puis il conviendra de reprendre au plus vite, pour la continuer activement, l'œuvre d'éducation pastorale et forestière des populations, de montagne et des moyennes régions, pour les pousser à la reforestation ou à une utilisation plus rationnelle des 6 millions d'hectares, de pâtis et de terres incultes, qui sur tant de points enlaidissent nos campagnes.

La stérilité de ces vacants s'aggrave en effet de jour en jour par suite du laisser-aller général. Cet état de choses est un véritable blasphème à l'adresse du Créateur.

Boisée et mise en valeur, cette très importante fraction de notre territoire nourrirait des milliers d'hommes et libèrerait, dans tous les cas, nos finances de l'obligation d'avoir à expatrier des dizaines de millions pour le paiement de tout le bois que nous devons importer au cours de chaque année.

Du même coup, d'ailleurs, se trouveraient améliorés le climat et le régime des eaux de tous nos bassins.

Ce seront là, pour les propriétaires et pour l'Administration des Eaux et Forêts, un travail considérable et une entreprise de très longue haleine.

Pour aboutir, il faut, entre les mains des propriétaires des terres à bois, et entre les mains de l'Administration des Eaux et Forêts, quelque chose de nouveau, quelque chose de différent que ce qui est actuellement.

A la faveur de l'ère nouvelle qui va s'ouvrir, au retour de nos soldats dans leurs foyers, nos méthodes de travail devront être courageusement modifiées « de manière à pouvoir tirer » de la terre pastorale et forestière de France, de *ses Colonies* et *Pays de Protectorat* « le rendement le plus efficace et le plus approprié ».

Tout d'abord pour sortir de l'ornière nous devrions d'une part réclamer un très large système de *décentralisation* administrative et de l'autre imposer aux Colonies et Pays de Protectorat la remise du contrôle et de la gestion forestière de leur domaine respectif entre les mains de la Direction Générale des Eaux et Forêts [1] dont les Officiers sont seuls capables de défendre et d'administrer le domaine boisé de très grande valeur que possède la France au delà des mers.

Puis, pour entreprendre sans trop de difficultés une organisation nouvelle (*ab ovo*, pour ainsi dire) de la machine forestière nationale, il faudrait ne pas être gêné en matière de dépenses et c'est en partie pourquoi l'extension de l'action forestière métropolitaine à nos Colonies serait d'un très grand secours à cause des possibilités financières de chacune d'elles.

Considérant enfin qu'il n'est pas permis de nier la vérité qui consiste à dire que l'état boisé est, d'une part, impérativement indispensable à la vie même du pays, tant au cours de la paix qu'au cas d'une agression de nos ennemis, et que, d'autre part, sa réfection exigera une *tension énorme, infatigable et prolongée de tous les moyens de l'Etat*, il importerait d'obtenir du législateur qu'il veuille bien décider que le produit de la gestion du domaine boisé de l'Etat (Recettes) fût tout entier affecté à son exploitation, à son aménagement, à son entretien et à l'extension de la Forêt française sous toute ses formes (achats de terres incultes, subventions, encouragements de toutes sortes, fêtes de l'arbre, expositions, etc...,)

Nos forêts de France seraient décrétées être telles des parcs nationaux, apanage de la nation.

Pour atteindre ce but, il suffirait par exemple d'appliquer au domaine boisé de l'Etat un régime analogue à celui dont jouit « l'Imprimerie Nationale ».

---

1. — A la manière de ce qui a lieu pour l'Armée, et pour d'autres grandes administrations de l'Etat, nous autres Forestiers aurions là le moyen de donner de l'air à nos cadres de la Métropole, ce qui faciliterait grandement la mise à exécution d'une organisation rationnelle du corps forestier.

Pour mieux discuter des moyens à l'aide desquels devrait ensuite s'échafauder l'organisation administrative nouvelle, reportons-nous aux données du budget des dépenses de la Direction Générale des Eaux et Forêts et en particulier à celles du chapitre du Personnel.

Il est facile de se rendre compte, annuaire également en mains, que ce qui rend toute transformation ou réorganisation rationnelle difficile c'est (comparé à celui des autres emplois) le nombre relativement trop grand des emplois d'Inspecteur (193-230).

Il y a là un défaut de coordination, une progression défectueuse que l'on rencontre rarement dans d'autres services et dont souffre tout l'organisme.

L'avancement très ralenti n'existe, pour ainsi dire, plus et l'on voit des fonctionnaires très méritants qui marquent le pas pendant presque toute leur vie administrative sans espoir d'aboutir, ni au point de vue honorifique ni surtout au point de vue de l'obtention d'une solde leur permettant d'améliorer leur situation de famille.

A la faveur de plus de rapidité et d'une sérieuse simplification dans la manière d'expédier les affaires, il importerait de rechercher le subterfuge permettant à la fois de mieux utiliser le personnel en faisant disparaître la pléthore qui existe dans le cadre des Inspecteurs et, comme contre-partie, de modifier à l'avantage de tous, l'échelle des traitements.

Nous souhaiterions de voir aboutir une organisation simplifiée et rationnelle des cadres d'une Direction Générale des Eaux et Forêts, en tous points *unifiée*, et dont le Personnel serait appelé à servir tant en France que dans les Colonies et Pays de Protectorats.

VIII

Imaginons donc, selon les suggestions des précédentes rubriques, une Direction Générale des Eaux et Forêts, véritable Ministère, étendant sa bienfaisante action, non seulement sur le domaine boisé de la Métropole, mais encore sur toute l'immensité de nos terres coloniales qui attendent avec autant d'impatience l'action forestière vraie que celle d'un service de l'*hydraulique agricole* méthodiquement organisé. Quel champ de travail incomparable pour des hommes d'action. A cette puissante Administration Supérieure, interministérielle, incomberait le soin délicat de diriger, d'organiser dans les grandes lignes, en de très larges vues dans le sens économique, le domaine des Eaux et Forêts de

France. Elle aurait à se défendre elle-même contre les faiblesses d'un retour aux détails.

C'est la Direction Générale des Eaux et Forêts de France et des Colonies qui assumerait, cela va sans dire, le soin de recruter, de dresser et de répartir tout le personnel supérieur et technique nécessaire ; elle aurait la responsabilité de mettre, à chaque place réclamant des qualités spéciales, l'homme possédant celles-ci.

Elle rechercherait les moyens de pousser, par sélection, à la spécialisation des emplois, de manière à maintenir aussi longtemps que possible les Officiers dans la spécialité pour laquelle ils seraient plus particulièrement préparés.

L'Administration Centrale se réserverait, tel un Conseil Supérieur des Eaux et Forêts, la solution à donner aux problèmes de mise en valeur des terres de vocation forestière et pastorale, tant en France que dans l'immense domaine colonial dont nous avons essayé, en d'autres temps, d'indiquer la valeur, *valeur qui va s'accroître* encore du fait des destructions forestières consécutives aux opérations de guerre et *des besoins formidables* du marché européen en produits forestiers de toutes sortes.

C'est à une section spéciale de législation, fortement constituée, partie intégrante de l'Administration Centrale, que reviendrait le soin d'étudier en dernier ressort les projets de réglementation forestière propres à chaque Région (arrêtés, décrets, lois), présentés par les divers services métropolitains ou coloniaux.

Il serait aussi possible d'imaginer pour la Métropole même, par mesure d'idée décentralisatrice, l'organisation d'un budget des Recettes et des Dépenses composé des Budgets locaux propres à chaque Conservation [1], tout au moins pour tout ce qui concerne les travaux et le personnel subalterne. Cette mesure supprimerait (on le comprend), pour l'Administration centrale, une cause de travail dans le détail que rien ne justifie, alors que la valeur professionnelle de ceux auxquels est confié le soin de diriger les Conservations est le sûr garant d'une bonne administration. A la faveur d'un abandon catégorique des soucis denis second ordre, jusqu'ici réservés aux Services du Ministère et ce en vue de rehausser ses prérogatives, la Direction Générale des Eaux et Forêts se trouverait donc déchargée, soit par mesure organique, soit *proprio*

---

1. — Ainsi, par exemple, que la chose a lieu en Indo-Chine pour les circonscription forestières.

motu, de tout le travail de détail. Ainsi allégée du labeur que crée pour elle la réception et l'expédition de toute la masse des affaires grandes et petites, que tous nous connaissons (sorte de gangue épaisse, volumineuse, qui roule, pesante, de service à service, alourdissant sa conception), elle ne serait plus gênée dans ce que doivent être ses hautes aspirations et brillerait alors de tout l'éclat du rôle supérieur qu'elle doit seule détenir en apanage.

Par ailleurs, pour aller aussi loin que possible dans la simplification en matière d'expédition des affaires, nous voudrions que celles dont la solution serait réservée, du fait de leur nature particulière, à l'Administration Centrale, ne fussent traitées au plus qu'à **deux degrés**.

Toutes les autres, non destinées au Ministère des Eaux et Forêts ne recevraient *qu'une seule présentation*, celle **de l'agent chargé de la gestion** : inspecteur dans le système A, garde général dans le système B, systèmes dont nous aurons l'occasion de parler par la suite.

Supposons donc admises, d'une part, les mesures de décentralisation dont nous venons de parler, et retenons, d'autre part, combien les moyens de communication se sont améliorés en ce dernier quart de siècle. N'oublions pas enfin qu'il n'est plus permis à une Administration de mise en valeur, de production, telle surtout celle des Eaux et Forêts, de perdre de vue que l'automobile comme le téléphone sont appareils d'usage économique, très pratiques lorsqu'il s'agit de relations extérieures peu étendues. Au même titre la machine à écrire, — qui n'est nullement un objet de luxe — ou le copie-lettres, sont des outils indispensables en matière de correspondances et d'archives en matière commerciale.

Avec de pareils moyens, venant compléter ceux que créerait la décentralisation proposée, il resterait parfaitement possible de remanier l'assiette des Arrondissement forestiers de manière à en réduire le nombre pour la France métropolitaine [1] (Corse comprise) à 22 par exemple, soit avec la Tunisie et l'Algérie [2] à 26,

Quant à notre Domaine Forestier Colonial proprement dit, il serait subdivisé, pour commencer, en 9 Arrondissements forestiers (au bas mot) dont nous donnerons le tableau. Si nous comptons 5 emplois de

---

1. — La question d'avancement se trouverait non seulement sauvegardée mais améliorée, ainsi que nous le montrerons par la suite, à la faveur d'une innovation.

2. — Ces contrées ne sont plus, comme au temps jadis, considérées comme des lieux d'exil ou de déportation et il doit en être de même pour les colonies au delà des mers.

Conservateurs réservés pour les MINISTÈRES, nous restons avec le chiffre de 40 sièges de cet emploi [1].

Les Conservations ainsi remaniées, et celles organisées au delà des mers, deviendraient de véritables DIRECTIONS territoriales qui devraient jouir, à cause de leur plus grande importance, d'une autonomie qu'il faudrait concevoir aussi étendue que possible avec, comme contre-partie, l'honneur d'une *responsabilité de fait*.

Au-dessous des Conservateurs, il reste à imaginer une hiérarchie simplifiée, solidement organisée.

Nous parlerons la prochaine fois de cette autre partie du projet.

IX

Pour l'organisation intérieure des Conservations agrandies, telles que nous les avons définies, deux systèmes peuvent être préconisés :

A) affectation des Officiers des Eaux et Forêts à 4 galons (Inspecteurs) à la gestion même du domaine boisé (Cantonnements) avec la collaboration d'Officiers subalternes (Agents des Eaux et Forêts à 1, 2 et 3 galons) [2] comme Adjoints.

B) Gestion directe des Cantonnements par des Officiers des Eaux et Forêts à 1, 2 et 3 galons [3] et création du Contrôle par des Officiers à 4 galons, Inspecteurs *inspectants*.

Dans les deux systèmes *suppression* de l'Inspection telle qu'elle existe actuellement.

En ce qui nous concerne, tout en ne niant pas les avantages finan-

---

1. — Le nombre des Inspecteurs Généraux (Contrôle Supérieur) reste insuffisant. Deux autres emplois devraient être créés (Corse, Algérie, Tunisie, Maroc et toutes autres Colonies).

2. — Un de nos camarades a déjà donné dans le *Bulletin* n° 9 du 1er mars 1916 sous les initiales G. L. un exposé de ce que pourrait être le système de la gestion directe par les Inspecteurs. Ce serait, pour nous, un retour en arrière, et, à peu de choses près, l'organisation forestière telle qu'elle existe pour les cantons suisses de Neuchâtel, Vaud etc .. dont les Arrondissements forestiers ont de 8 à 10.000 hectares *seulement* avec un personnel subalterne très réduit (pas de délits). Le reproche que l'on fera, sans doute, à cette conception n'est pas sans quelque valeur : Les Adjoints ne travailleront-ils pas, très souvent pour..... leur Chef ? dont ils seront, ainsi que le fait remarquer un camarade, les « missi dominici ». Ainsi les *Adjoints* perdront très souvent courage, non pas tant parce que, sans cesse, brimés, mais bien parce que condamnés, *pour de trop longues années*, à ne pas pouvoir voler de leurs propres ailes.

3. — Nous proposerions de supprimer dans ce système l'appellation d'Inspecteur Adjoint qui ne correspondrait à rien : nous conserverions, au contraire jalousement, celle de Garde Général par tradition et parce que aussi aucune autre ne saurait être meilleure. Il suffirait d'avoir le nombre voulu de classes de Gardes Généraux (cinq) de manière à échelonner l'avancement.

ciers que pourrait offrir le système A, nous réservons nos préférences au mode d'organisation B. Ce mode a, si nous avons bonne mémoire, été préconisé par M. le Conservateur Reynard, l'écrivain forestier bien connu, apôtre du reboisement en Auvergne.

Un essai de ce système du Contrôle a été tenté en Algérie; mais sous une forme qui nous paraît avoir été très incomplète.

Le mécanisme de cette conception à la faveur de laquelle les Conservateurs-Directeurs géreraient le domaine boisé par le seul intermédiaire des Chefs de Cantonnements, a aussi été appliqué en Indochine avec des Agents inspectants (Contrôle). Dans cette Colonie, grâce au Contrôle, il a été possible d'obtenir rapidement de très remarquables résultats [1] au moyen d'un personnel européen n'ayant aucune technique, recruté directement sur place, et simplement dirigé par une poignée d'Officiers des Eaux et Forêts [2].

Voici donc en deux mots comment nous comprendrions l'organisation de la Conservation-Direction, dans le système de forte décentralisation et de grande simplification proposé :

Auprès de chaque Conservateur, — (Direction territoriale) — ayant rang, *tout au moins* de Colonel, sinon de Général dans les cadres de l'armée territoriale, et placé à la tête des bureaux, un Conservateur Adjoint [3] (Lieutenant-Colonel), sorte de Secrétaire Général, ayant lui-même comme collaborateur sédentaire un Officier des Eaux et Forêts à 3 galons [4].

Dans chaque Conservation un Comité des Forêts composé du Conservateur, de son Secrétaire Général, des Inspecteurs inspectants (Contrôle) et du Garde Général sédentaire.

Les Inspecteurs inspectants [5] seraient, en outre de leur service ordi-

---

1. — Mise en valeur de plus de 600.000 hectares de forêts en moins de douze années.

2. — Boude (1897), Roy (1899), Ducamp (1900), Roullet (1901), Chapotte, Carrière, Magnein, Jeannelle, Comte, Baur, Guibier, Bertin, jusqu'en 1913.

3. — N'y aurait-il pas, grâce à cette *innovation*, de quoi satisfaire à de légitimes aspirations, tout en répondant de manière indiscutable à des besoins de service.

4. — Le passage dans ces deux emplois serait en dehors de tous autres avantages d'une excellente préparation pour l'obtention du grade supérieur. Pour faire face aux besoins de ces emplois (5 Ministères — 22 France et Corse — 4 Algérie Tunisie — 9 toutes autres Colonies, totaux : 40, plus le service d'Alsace-Lorraine) l'on ferait choix, à la réorganisation, des Inspecteurs et des Gardes Généraux (unification) de 1re Classe proposés pour l'avancement.

5. — Au début de la réorganisation, et pour un certain temps, le nombre des Inspecteurs (Contrôle) serait de quatre environ par Conservation ; mais ce chiffre devrait peu à peu être diminué au fur et à mesure que diminuerait le travail de première réorganisation. (40 $\times$ 3 = 120.)

naire du contrôle, chargés par le Conservateur de missions diverses et d'études spéciales d'après un programme annuel arrêté par le Comité (Aménagements, périmètres, etc., etc...)

Les Inspecteurs entreprendraient les tournées de contrôle, soit seuls, soit à plusieurs, soit encore avec le Conservateur, rendu très indépendant, grâce à la présence permanente dans les bureaux de son *alter ego*, le Conservateur-Adjoint, et aussi à la faveur de la mise en service, dans chaque Conservation, d'une voiture automobile.

Les Chefs de Cantonnements (Gardes Généraux des Eaux et Forêts de cinq classes), gestionnaires directs d'environ 12.000 hectares de bois et forêts, seraient placés, comme nous l'avons dit, sous la dépendance directe de la Conservation [1].

Ces Agents recevraient des pouvoirs aussi étendus que possible, de manière à obtenir une expédition rapide des affaires.

L'intervention incessante des Inspecteurs inspectants (contrôle) permettrait de maintenir l'unité d'action et d'éviter les abus ou les erreurs.

Les Chefs de Cantonnements auraient, pour les seconder au bureau et sur le terrain, le personnel nécessaire (moyen [2] et subalterne). Il importe en effet que le Sylviculteur, Ingénieur technicien, puisse se vouer TOUT ENTIER à sa tâche DE DIRECTION au lieu d'être absorbé par un travail *au dessous du savoir exigé de lui*.

Par ailleurs, nous imaginons, pour chaque Conservation, un Cantonnement spécial choisi, comme étant le meilleur, pouvant servir de type et dénommé Cantonnement-Ecole. Ce Cantonnement serait, *par exception* à ce que nous avons dit, géré par un Inspecteur de 4ᵉ Classe ayant des qualités éducatives particulières. Les Gardes Généraux stagiaires seraient, à leur sortie de l'Ecole Nationale Forestière de Nancy, placés sous les ordres de ces Inspecteurs.

Dans cette position les Inspecteurs nouvellement promus et chargés de l'éducation administrative des jeunes Gardes Généraux en stage feraient une sorte de surnumérariat dans lequel ils se prépareraient au service de l'Inspectorat normal.

Le nombre de ces sortes de Chefferies ou Cantonnements-Ecole serait,

---

1. — Moyenne de 12 Cantonnements par Conservation, soit environ 140.000 hectares.

2. — Gardes Généraux-Adjoints ou *Adjudants Forestiers*, collaborateurs indispensables tant au Bureau que sur le terrain. Ce grade serait donné : 5 o/o à la suite de concours annuels entre Brigadiers ayant un nombre d'années de service à déterminer (15 années par exemple) et 75 o/o à l'ancienneté.

TABLEAU SCHÉMATIQUE DE L'ORGANISATION ACTUELLE DU SERVICE DES EAUX ET FORÊTS ET D'UN PROJET D'ORGANISATION NOUVELLE

Avant

AFFECTATION	AGENTS SÉDENTAIRES						EMPLOIS D'INSPECTEUR				CANTONNEMENTS			OBSERVATIONS
	Inspecteurs Généraux	Conservateurs Directeurs	Conservateurs Adjoints	Inspecteurs	Inspecteurs Adjoints	Gardes Généraux	Inspecteurs	Inspecteurs Contrôle	Chefferies ou Cantonnements École	Totaux	Inspecteurs Adjoints	Gardes Généraux	Gardes généraux stagiaires	Personnel de l'École de Nancy
	2	3	4	5	6	7	8	9	10	11	12	13	14	15
Direction Générale......	2	4	»	7	8	»	»	»	»	»	»	»	»	
France (Corse).........	»	32	»	»	46	16	120	»	78	198	153	134	39	
Algérie...............	»	3	»	3	2	1	6	2	10	18	16	49	4	
TOTAUX......	2	39	»	10	26	17	126	2	88	216	169	153	43	
Tunisie..............	»	1	»	»	»	»	1	»	»	1	2	2	»	
Autres colonies.........	»	»	»	»	»	»	3	»	»	3	1	3	»	
TOTAUX......	2	40	»	10	26	17	130	2	88	220	172	158	43	
Report des colonnes 5, 7..									»	10	26	17	»	
Année 1914 (Totaux)......	2	40	40				»	»	»	230 ¹	198	175	43	1. Dont 40 vont avancer à la réorganisation Cts adjoints.
												↓116		

Après

AFFECTATION	Inspecteurs Généraux	Conservateurs Directeurs	Conservateurs Adjoints	Inspecteurs	Inspecteurs Adjoints	Gardes Généraux	Inspecteurs	Inspecteurs Contrôle	Chefferies ou Cantonnements École	Totaux	Inspecteurs Adjoints	Gardes Généraux	Gardes généraux stagiaires	OBSERVATIONS
Ministères..........	2	5	5	13	»	22	»	88	22	110	»	330	»	
France (Corse).......	»	22	22	»	»	22	»	12	3	15	»	45	92	
Algérie.............	1	3	3	»	»	3	»	4	1	5	»	6	3	
Tunisie.............	»	1	1	»	»	1	»	10	5	15	»	40	1	
Indo-Chine..........	1	6	6	»	»	6	»	6	3	9	»	37	4	
Autres colonies......	»	3	3	»	»	3	»	»	»	»	»	»	4	
Totaux des emplois....	4	40	40	13	»	35	»	120	34	154	»	458	34	
Report des colonnes 5, 6, 7.	»	»	»	»	»	»	»	»	»	13	»	35	»	
Totaux par grades......	4	40	40	13	»	»	»	»	»	167	»	493	»	

ainsi que nous l'avons dit, d'un par Conservation (34 environ). Le tableau schématique et comparatif ci-contre donne les chiffres à l'aide desquels il est possible de discuter de la question, sans que les dits chiffres aient, bien entendu, rien d'absolu.

La hiérarchie administrative devrait, comme nous l'avons indiqué plus haut [1], se compléter par la création d'emplois moyens à raison de 1 ou 2, selon les cas, par Cantonnements.

Il y aurait enfin à poursuivre le relèvement des soldes vers le haut et aussi vers le bas [2].

Par ces diverses mesures, l'on obtiendrait un meilleur équilibre des éléments composant la machine administrative, destinée à assurer le fonctionnement de l'important Service des Eaux et Forêts, dont le personnel serait aussi appelé à prendre directement rang dans l'Armée pour *la Défense du Pays*, comme nous l'avons indiqué.

Par là d'ailleurs, l'intérêt de l'Etat, aussi bien que celui des plus exigeants de ses serviteurs, se trouverait réalisé.

Il importerait enfin de revenir, courageusement et à tout prix, à *l'unité de recrutement* qui seule correspond au véritable *principe d'égalité* pour tous.

Ce principe a été faussé par la conception extraordinaire (née de la politique et des besoins électoraux) qui consiste à permettre, à des candidats possédant, les uns par rapport aux autres, des connaissances et des qualités très différentes, d'accéder à une même fonction et du même coup au grade d'Officier des Eaux et Forêts et ce dans des conditions telles qu'il n'est pas possible en général de mettre en parallèle les dites connaissances ni les qualités en question.

En outre, il nous paraît difficile de nier que si les besoins et le développement d'un service technique militaire donnent à l'Etat le droit, et lui imposent aussi, le devoir d'exiger, de la part de ceux à qui sera confié le fonctionnement du dit service, un certain bagage [3] de connaissances et d'éducation, la logique veut [4] que toutes les compétitions, d'où

---

1. — Gardes Généraux-Adjoints ou Adjudants Forestiers.
2. — Il resterait en particulier à faire admettre, pour le personnel subalterne, une échelle de soldes qui comporterait des traitements de *fin de carrière* plus élevés que ceux attribués aux Gardes-Généraux stagiaires, *emplois de début* du personnel technique supérieur.
3. — Tel que le définit le programme d'entrée d'une grande Ecole spéciale.
4. — Concurremment avec ce qu'ordonnent les principes de justice et d'égalité.

qu'elles émanent, viennent s'essayer à UNE SEULE ET MÊME pierre de touche.

C'est par le jeu du concours unique, égal pour tous, que l'on obtiendra, au mieux de l'intérêt de la chose publique, le meilleur personnel présentant toutes garanties de savoir. C'est au sein de ce personnel, ainsi sélectionné dès l'entrée au service que naîtront, par émergence, les qualités d'ordre supérieur grâce auxquelles un service peut grandir et se monter à hauteur de sa tâche, alors que par toute autre voie l'on tombe dans les erreurs irréparables qui conduisent à la médiocrité et au discrédit qui tue.

X

Depuis des mois, de Bulletin en Bulletin [1], nous nous sommes laissé entraîner hors du véritable sujet dont nous nous étions tout d'abord proposé d'entretenir nos camarades : « Les Arbres et la Guerre ».

Du fait de ce que nous avons dit ensuite, concernant l'Organisation Militaire et Administrative du Corps Forestier, nos rubriques se trouveraient mieux désignées sous le titre :

« *Les Forestiers*, les Arbres et la Guerre ».

Aujourd'hui nous demandons à reparler à nouveau des Arbres et, plus particulièrement, de ceux de l'arrière dans leur relation avec la Guerre, car il reste beaucoup à dire à leur sujet.

Il importe en effet d'attirer l'attention des Forestiers (et de tous les amis des Arbres en général) sur la situation faite par la guerre à toutes les espèces de plantations d'arbres de l'intérieur.

Pour avoir été reléguées hors de la zone de bataille, les dites plantations n'en sont pas moins intéressantes à considérer, bien au contraire.

Nous ne reviendrons que pour mémoire sur les très grands services rendus au Pays par les Bois et Forêts de l'intérieur, véritable richesse de défense nationale, bien qu'encore elle se soit trouvée être très insuffisante eu égard aux besoins actuels.

Soumis à des coupes intensives, sous la direction des vétérans forestiers (restés, eux aussi, loin du front), les massifs boisés de l'arrière fournissent à la consommation un cube de bois qui dépasse la production de manière inquiétante. Cette quotité, imposée par l'état de guerre,

---

1. — *Bulletin de l'Association des Agents des Eaux et Forêts*, octobre 1915-avril 1916.

devra être précomptée sur les possibilités futures de manière à, non seulement, reconstituer le capital ligneux ainsi réduit, mais encore à le renforcer et à créer de solides réserves d'avenir. Ce sera là œuvre très longue, difficile à réaliser ; mais œuvre impérative, à la réalisation de laquelle l'Administration devra s'attacher avec la volonté d'aboutir. Cette situation dicte donc aux Pouvoirs Publics le devoir de prévoir les mesures à prendre dans l'intérêt de la réédification de notre boisement national. Pour aider à la reconstitution de notre capital bois, il importerait tout d'abord, à notre sens, **de comprendre dans l'impôt de guerre** qu'auront à payer les empires vaincus, la fourniture à titre de *prestations* et de *délivrances gratuites* du bois d'œuvre et d'industrie que nécessitera la réfection des villes, des villages et des maisons isolées détruites tant en France qu'en Belgique [1].

De cette manière, dès la clôture des hostilités, nous tirerions d'Allemagne, d'Autriche et des Balkans tout le bois nécessaire à la reconstruction de nos Cités [2] et cela sans emploi de notre propre main-d'œuvre forestière qui, elle, trouvera à se placer utilement au champ et à l'usine. Tout ce bois serait débité et amené par l'ennemi lui-même à pied d'œuvre selon un programme à élaborer.

Les préliminaires du Traité de Paix devraient donc stipuler avec précision non seulement *cette affectation spéciale* de tous le bois qui nous serait nécessaire [3], mais imposerait en outre *la mise sous séquestre* de tous les Bois et Forêts domaniaux [4] et communaux des pays teutons et bulgares pour un nombre d'années à déterminer [5].

Cette mainmise momentanée sur le domaine forestier des Allemands et de leurs alliés, mainmise que nous voudrions voir s'étendre également aux moyens de transport, chemins de fer, canaux, à l'outillage des ports et aux douanes, serait un gage précieux eu égard au paiement des annuités représentatives de l'impôt de guerre dont nous frapperons nos ennemis.

Actuellement, hélas, c'est à coups de marteau que, pour aider à la défense du territoire, les propriétaires et les sylviculteurs sacrifient, la

---

1. — La reconstitution des régions envahies. Comité interministériel, 5e section.

2. — L'ennemi serait condamné de la même façon à fournir les équipes nécessaires de maçons, terrassiers, menuisiers sous forme de corvées.

3. — Sous le contrôle des officiers des Eaux et Forêts de France et de Belgique.

4. — Y compris ceux des propriétés et apanages impériaux et royaux de toutes espèces.

5. — Nombre d'années suffisant pour permettre à nos Forêts de se refaire sans y toucher autrement que sous forme de coupes d'amélioration.

mort dans l'âme, en tous lieux de France et de Navarre, les beaux arbres et les taillis sur l'Autel de la Patrie. Ainsi il en est ordonné : le pays et le Service du Bois aux Armées réclament sans arrêt de grosses quantités de matière ligneuse.

Le bois est, plus que jamais, à l'ordre du jour ; il est nécessaire à la continuation de la vie journalière, il est indispensable à l'organisation du front de France aussi bien qu'à celui de Salonique. Tous les débits sont réclamés : charpente, sciage ou montagnes de rondins qui s'écroulent de toutes parts vers les tranchées, les abris souterrains ou les mines.

Les Bois et Forêts de l'arrière jouent donc un véritable rôle de « réserves territoriales »[1] dont les effectifs sont malheureusement insuffisants, ainsi que nous l'avons dit.

Les services rendus par la propriété boisée et les arbres de toutes espèces de l'arrière forment ainsi un tout avec les services analogues offerts aux troupes en campagne, par les futaies et les halliers du front même de bataille.

Et cet état des choses se continuera jusqu'au jour où nos valeureux soldats se porteront en avant. Alors sera levée la contrainte intolérable d'une lutte sournoise, contraire à notre tempérament, alors nos armées mèneront à nouveau le jeu de Valmy et de la Marne, en rase campagne, à la française. Et ainsi, derrière les boisements reconquis de la frontière, les aurores glorieuses et définitives se lèveront, là-bas, au delà des Forêts du Rhin. Par la conquête de celles-ci, par leur exploitation à notre profit, se paiera la destruction stupide de celles-là.

Et toutes ces choses les Forestiers-soldats nous les diront par le détail au lendemain de la Victoire. Ils les diront avec le cœur plein du souvenir des visions de la vie menée, pendant des mois, sur le qui-vive, sous le soleil ou dans la froidure, puis au cours des journées brûlantes de l'enfer des batailles rouges de sang, au contact même des ruines de nos forêts et enfin dans la ruée en avant des victoires réparatrices.

XI

Dans les Provinces, en dehors des Bois et Forêts, la situation faite aux autres plantations d'arbres, telles celles des promenades, des grand' routes, des prairies et des vergers, mérite aussi de fixer l'attention.

---

1. — Protection des Forêts, M. Louis Martin.

Leurs alignements sont comme une parure superbe de la Terre, ils mesurent, par leur nombre et le choix des espèces, la richesse de nos campagnes françaises.

Et voici qu'après avoir admiré, au cours des années de paix, la beauté des dites plantations, d'espèces si diverses, il nous faut aujourd'hui pleurer sur la perte de beaucoup d'entre elles.

Si, en effet, les arbres en question ont été à l'abri des blessures que crache la mitraille, ils n'en sont pas moins livrés chaque jour par milliers à la hache et sont eux aussi de pauvres victimes prématurément sacrifiées aux besoins de la guerre.

Parmi eux il est toute une catégorie d'arbres, dont le cas est intéressant à étudier à un autre point de vue.

Ceux-ci sont frappés d'un mal qui ne semble pas devoir pardonner : on les voit en effet dépérir peu à peu, puis mourir.

On trouve ces arbres agonisants, de ci de là, en cent lieux divers : ici sur les places publiques qu'ils couvraient d'ombre, là dessinant de beaux quinconces ou bordant de superbes avenues, dont ils étaient toute l'histoire. Ces mêmes arbres, inutilement frappés de mort, se rencontrent encore alignés dans les prairies ou sur les côtés des cours du plus grand nombre des quartiers de nos garnisons.

Signalé par plus d'un ami des arbres, le malheur dont il s'agit est le résultat d'une négligence bien regrettable, d'un manque d'attention, du défaut de présence d'esprit des uns, et de l'affolement des autres.

Une plus stricte observation des règlements qui traitent de la question de la mise en parc des animaux (bivouacs des chevaux et mulets) réquisitionnés pour l'armée, ou de ceux mis en route, aurait permis d'éviter le véritable désastre « arboricole » qui s'est ainsi abattu sur le pays, aux premières heures de la mobilisation. Au lieu d'avoir été attachées *à la corde* et au piquet, entre les rangées d'arbres, à une certaine distance de ceux-ci, ainsi qu'il convenait, les bêtes réquisitionnées ont été groupées *en cercle, au pied même des fûts.*

En moins de 24 heures tous les troncs d'arbres ont ainsi été écorcés en anneau plus ou moins complet, parfois sur plus de deux mètres de hauteur et cela le plus souvent jusqu'au bois.

Seule une statistique, dressée par Communes pourrait dire l'immensité du dommage causé de ce fait aux arbres de nos promenades publiques, ainsi qu'à ceux de nombreuses propriétés privées (ormeaux, maronniers, platanes, tilleuls, peupliers, pommiers etc...)

Il serait intéressant d'étudier la nature des effets plus ou moins désastreux qui vont résulter de la destruction de l'écorce par la dent des chevaux et mulets.

En effet, les phénomènes qui ont suivi « l'annélation » partielle ou totale des troncs sont d'ordre très divers suivant les espèces et suivant la région envisagée (climat, fraîcheur du sol, etc.)

La Revue des Eaux et Forêts accepterait certainement avec reconnaissance toute étude faite à ce sujet. Il serait en particulier intéressant d'expliquer la survie prolongée de certains sujets, de telle ou telle espèce, par rapport à d'autres, en insistant sur la façon dont sont morts ou vont mourir tant de beaux arbres de notre chère France.

XII

Guinier, le père de notre distingué camarade, a dit : « La Forêt est le Complément *indispensable* de la Création [1] ». Elle est la parure merveilleuse de la terre, elle est pour l'homme source de richesse. Le boisement est encore la cuirasse puissante qui protège le sol contre l'action des pluies torrentielles, fruits de nos trop longues erreurs ; tandis qu'aux frontières les massifs boisés sont comme une muraille dressée contre les attaques du dehors.

Après la bataille, sur la terre déserte, voici encore les grands arbres çà et là surgissants, épars, véritables fantômes ou superbes mutilés, dignes d'être classés par groupes choisis, dans leur cadre de souvenirs, comme monuments appartenant à l'Histoire.

Lamentables débris restés debout dans la tourmente, cramponnés au sol, ils supportent avec patience la souffrance d'avoir vécu enchaînés sous la loi de l'opprobre. Mieux que nous peut-être ils ont une juste conception de ce que vaut le temps qui corrige les erreurs et les répare.

Par milliers les arbres de nos Forêts ont été les témoins séculaires des luttes anciennes soutenues contre l'ennemi héréditaire toujours le même.

En foules innombrables ils ont survécu aux noires invasions des barbares et à l'occupation passagère de nos terres de l'Est par la horde germanique, aussi peuvent-ils nous faire souvenir que toujours, tôt ou tard, les reîtres pillards doivent disparaître par delà les plaines au delà du Rhin. Ils savent encore que les souffrances nouvelles sont les souffrances dernières, prix de la libération des terres gauloises.

Peu à peu, après que se seront éteints les cris de guerre, voici que de

---

1. — Elle est en effet, tout bien considéré, une véritable panacée et reste l'un des facteurs essentiels *du problème de la vie* sur notre planète.

nouveau le calme profond, réparateur, qui mieux que tout définit la Forêt, coulera sur les mousses parmi les sous-bois.

Par monts, par vallées, là-bas dans les plaines, le grand peuple des arbres, maître des saines traditions de la Nature, soufflera au loin à tous les horizons les contes des luttes terribles dont il fut le témoin.

Par les brèches ouvertes, dans les dômes reformés de la futaie, tomberont les traînées lumineuses faites de parcelles d'azur. Sous ce baiser de la chaude lumière, *créatrice des sources de vie*, les clairières s'éveilleront, libérées des sombres cauchemars de la bataille, et, à chaque printemps sur les tombes sacrées de nos soldats, des jonchées de fleurettes parfumées lèveront de toutes parts.

Ainsi, chaque année, se symbolisera le souvenir, sans cesse renouvelé, que la Forêt garde aux hommes tombés pour elle sur ces lisières.

R. G. D.

Poitiers. — Imp. G. ROY, 7, rue Victor-Hugo.

Extrait du *Bulletin des Agents des Eaux et Forêts*
1915-1916.

www.ingramcontent.com/pod-product-compliance
Lightning Source LLC
Chambersburg PA
CBHW070751220326
41520CB00053B/3813